微生物的故事

[韩] 金顺韩 / 文　[韩] 朴宇熙 / 绘　千太阳 / 译

人民东方出版传媒
People's Oriental Publishing & Media

東方出版社
The Oriental Press

有什么办法可以
预防天花呢？
詹纳

人为什么会生病？
巴斯德

怎样才能击退细菌？
弗莱明

目录

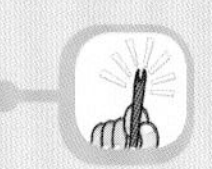

以前，有一种传染病，叫作“天花”。那是一种非常可怕的疾病。可怕到什么程度呢？十个孩子中就有一个会因染上这种疾病死去。于是，我用牛痘脓疱中的浆液——痘浆进行接种，成功击退了天花。正是因为有了我的发明，疫苗才得到普及，天花也从世界上消失了。

数千年来，天花一直是威胁人类生命的可怕传染病。

从前，人们为了发展农业，往往聚在一起生活。而天花也是在那个时候出现在世界上的。

天花病毒能够轻易通过空气进行传播。患上天花的人会在发烧的同时，全身长满脓疱，脓疱里面都是脓液。严重的话，即便脓疱结痂脱落，也会留下疤痕，让人变成难看的“麻子”。古罗马曾一度流行过天花。据说，那一场灾难共夺去 300 多万人的生命。

据说，人们还在古埃及法老——拉美西斯五世的木乃伊上发现天花的痕迹。美国的第一任总统乔治·华盛顿也曾得过天花。

在朝鲜时代，人们将天花称为“殿下”。因为在当时，天花是一种无药可医的疾病。一旦染上它，人们除了尽心尽力地去“服侍”它外，别无他法。

古人发现：一旦有人得过天花后存活下来，那他就终生不会再得天花。

然而在当时，人们并没有找到预防天花的方法。

18 世纪后期，英国医生爱德华·詹纳开始研究预防天花的方法。他认为可以利用牛痘脓疱中的浆液来预防天花。牛痘是一种牛身上的疾病。它的症状与天花很相似，但病情不像天花那么严重。神奇的是，挤牛奶时不慎感染牛痘的女工们不会得天花。

从患有牛痘的挤奶工塞勒手上提取痘浆。

然后将痘浆接种到詹姆斯身上。

“患了牛痘的人肯定对天花病毒产生了免疫力！”

看到挤牛奶的塞勒得了牛痘后，詹纳决定把痘浆接种到其他人身上。1796 年 5 月 14 日，詹纳从塞勒身上提取了痘浆，然后再将它接种到 8 岁少年詹姆斯身上。詹姆斯虽然患上了牛痘，但是很快便痊愈了。接着，詹纳又给他接种了天花患者的脓液，但詹姆斯并没有染上天花。詹纳成为世界上首次利用痘浆免疫天花的人。

得了牛痘后，詹姆斯的身上虽然出现了轻微发烧和起疹子的症状，但几周后就痊愈了。

詹纳又给詹姆斯接种了天花患者身上的痘浆，他并没有感染天花。

詹纳非常肯定自己的想法是正确的。

但是也有人对詹纳的观点提出了反对意见。

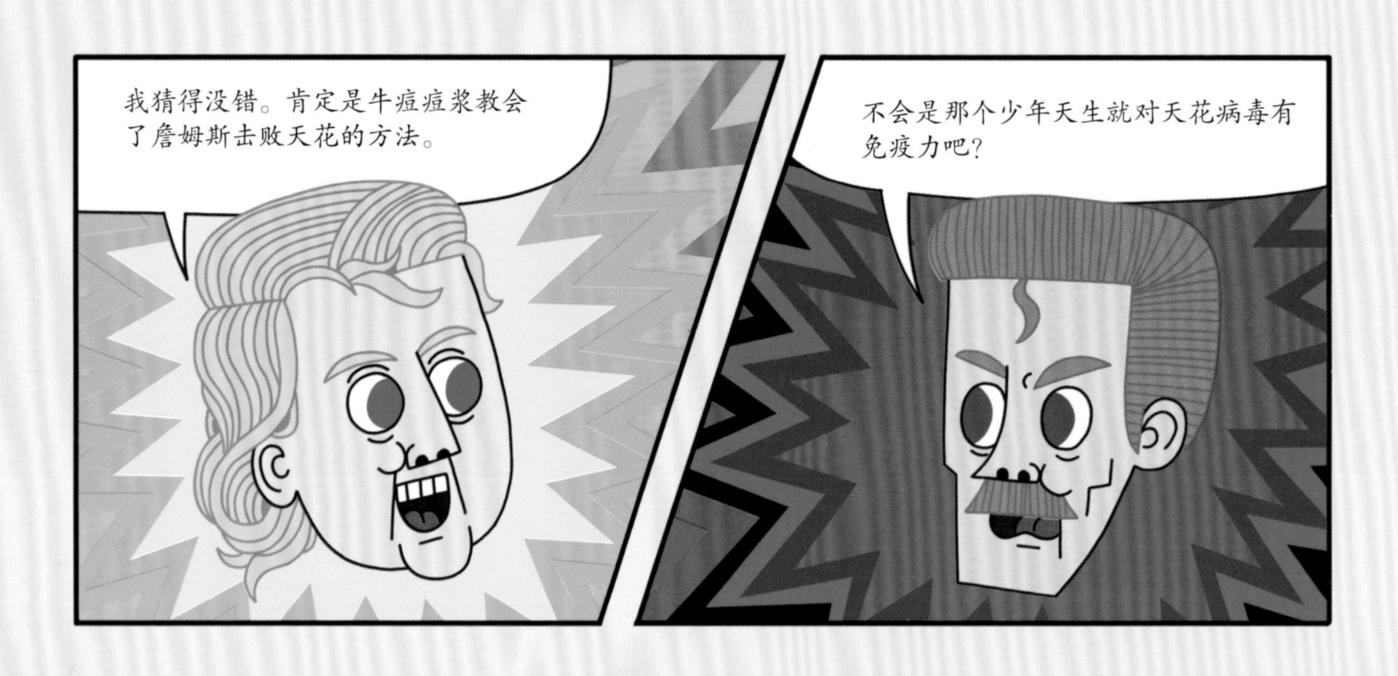

两年后，詹纳以 25 个人为对象，重复了之前的实验。

而实验的结果是，他们全都没有染上天花。

事实证明，詹纳的猜测是正确的。

其实，詹纳的实验非常危险。

为了配合詹纳的实验，詹姆斯算是赌上了自己的性命。尽管现在的法律规定不能让人冒着生命危险去做实验，但在詹纳生活的时代，这样的情况很常见。

詹纳的老师约翰·亨特，就曾因为往自己身上注射细菌差点儿丢掉性命。而且，在给国王或贵族们治疗疾病的时候，为了能够让他们安心，医生们会事先在一些囚犯或贫民身上做实验。

利用病原微生物制作的用于预防接种的药品，我们称为“疫苗”。

詹纳编纂了有关天花疫苗的书籍，将种痘免疫法公之于世。得益于此，感染天花而死去的人开始大幅度减少。

不过，詹纳的种痘免疫法并没有得到所有人的认同。

教会的反对尤为激烈。

“传染病是神给罪人降下的惩罚！人类反抗疾病是渎神的行为！”

“居然把牛的脓液注射给人，太野蛮了！”

当时，人们还无法用科学来解释疾病的原因。

人们更相信疾病是神降下的惩罚或患者自己走了霉运。

于是，各种奇葩的谣言流传开来。

然而，即使反对的声音再大，詹纳的种痘免疫法也依然迅速在全世界传播开来。

1805 年战争前夕，法国的皇帝拿破仑强制命令士兵们接种牛痘疫苗。看到预防接种见效，拿破仑甚至还赦免了詹纳的两个朋友所犯下的罪行。

到了 19 世纪 40 年代，也就是詹纳去世的十年后，英国政府出台免费接种牛痘疫苗的政策。

1980 年 5 月，世界卫生组织宣布，人类历史上最可怕的疾病之一——天花被彻底消灭。因为疫苗接种完全击溃了天花病毒。

科学知识

病毒

病毒是感冒和流感，以及麻疹、天花、狂犬病等各种可怕疾病的根源。它是人们目前已知的最小生命体，只有通过电子显微镜才能看到。病毒这一名称起初来源于拉丁语中表示“毒”的“virus”。

10mm

拇指指甲

毫米(mm)

10mm = 1cm

跳蚤

1mm

200μm

尘螨

微米(μm)

1000 μm = 1mm

100μm

头发丝的直径

灰尘

细菌

10μm

最小的生命体

病毒是人们已知的体形最小的微生物。它到底有多小呢？据说，它的大小只能用纳米来表示。而1纳米则等于1毫米的一百万分之一。大部分病毒的大小在10~1000纳米之间。

200nm

纳米(nm)

1000nm = 1 μm

100nm

0nm

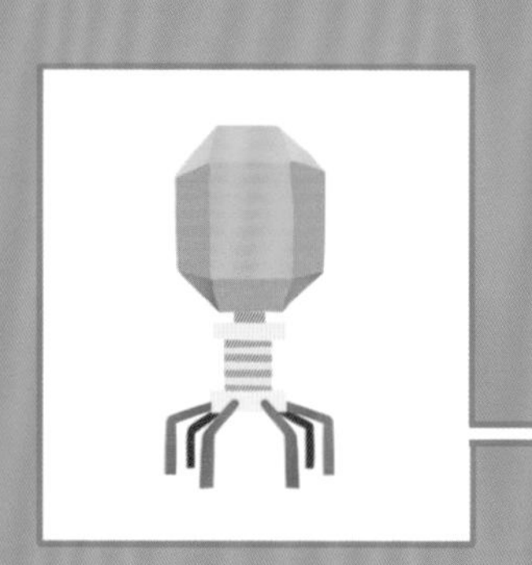

病毒的特征

病毒不能独自生存。它只有进入动物、植物、细菌等其他活着的生物细胞当中才能存活下去。因此，部分科学家认为病毒其实是一种非生物。

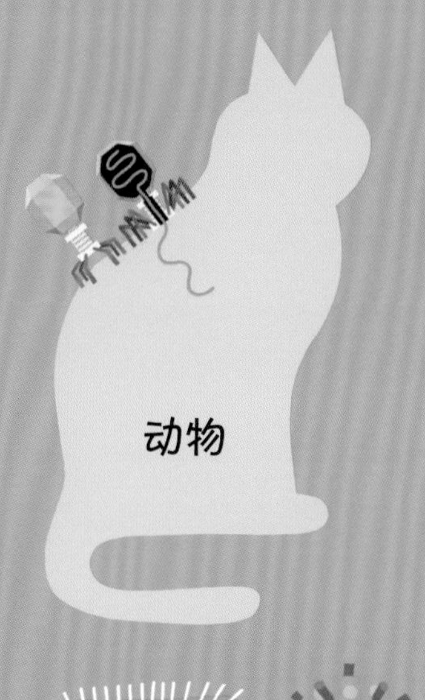

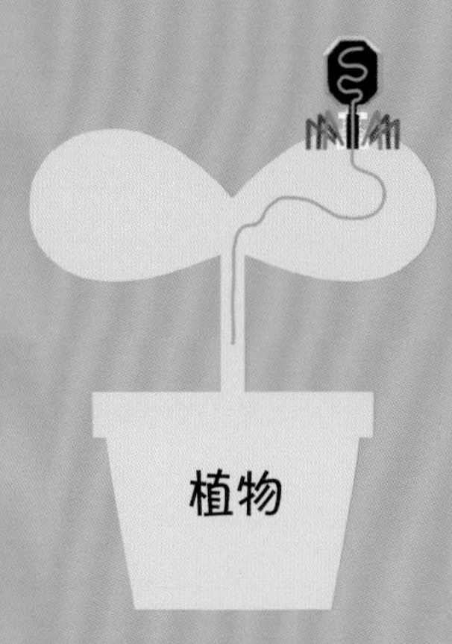

外形长得像球或棍，而且结构非常简单。

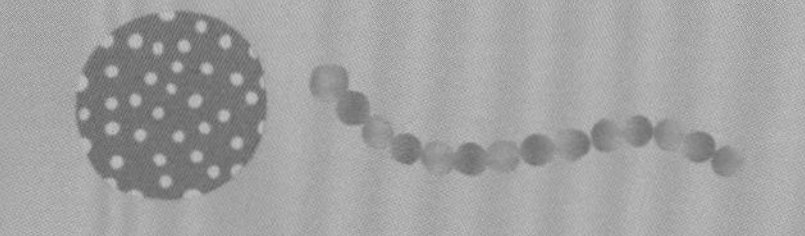

病毒引发的疾病

流行性感冒（流感）

畏寒、发抖、发烧、咳嗽。

流行性腮腺炎

腮部肿胀。

麻疹

身上长出红色疹子。

流行性出血热

发烧，全身酸痛、头痛、腰痛、眼眶痛。

被天花灭国的阿兹特克帝国

天花起初是从欧洲传播到美洲的。1519 年，西班牙的科尔特斯率领军队来到阿兹特克帝国。阿兹特克帝国是位于现在墨西哥中部地区的国家，它曾使用日历，还建造了巨大的神殿等，有着高度发达的文明。而只有数百人的西班牙军队之所以能战胜如此强大的阿兹特克帝国，其实完全归功于天花病毒。当时，西班牙军队中有人得了天花。虽然他们并没有故意传播天花病毒，但病毒还是很快在阿兹特克帝国中传开。由于当时的美洲大陆从未出现过天花病毒，所以原住民们对天花病毒的抵抗力几乎为零。

就这样，阿兹特克帝国将近一半的人口死于天花，西班牙军队得以兵不血刃地拿下阿兹特克帝国。换句话说，有着如此辉煌文明的强国，其实是被一些微不足道的病毒给征服了！

阿兹特克帝国曾经举行宗教仪式的巨大金字塔

虽然詹纳实验中接种疫苗的少年并没有得天花，但人们并不知晓其中的原理。甚至詹纳也对此一知半解。我最先证明了疾病是由微生物引起的。

以前，人们认为生物是自然生成的。

在看到腐烂的肉里长出蝇蛆、草堆里冒出老鼠的情景之后，他们便有了这样的想法。

从古希腊时期至 19 世纪末，大多数人都相信生命体是自然生成的说法。这样的理论叫作“自然发生说”。

17 世纪 70 年代，荷兰的衣料商列文虎克在用显微镜观察水滴的过程中，发现了一种非常微小的生命体。

人们认为肉眼看不到的微生物也是自然生成的。

他们认为当树叶腐烂或者葡萄酒变质时，微生物就会在那里诞生。

科学家们围绕微生物的自然发生问题展开了激烈的争论。

而这时，法国微生物学家路易斯·巴斯德也对自然发生说产生了怀疑。

“怎么可能？微生物绝不可能凭空出现。”

他决定进行一场实验，彻底推翻这种观点。

“说得再多也不如进行一场实验有说服力。”

巴斯德认为空气中飘浮着大量的微生物，所以就在1861年做了一场实验，打算证明自然发生说是错误的。

他通过无数次实验，终于找到了合理的方法，然后在其他人面前公开自己的实验过程。

鹅颈烧瓶实验

将肉汤倒入烧瓶里。

加热烧瓶的瓶颈，将其弄成“S”形鹅颈瓶。

将烧瓶放在酒精灯上加热至沸腾。这是为了杀死里面已有的微生物。

通过鹅颈烧瓶实验，巴斯德证明了所有的生命都是由其他生物诞生的。他一举推翻人们相信了数千年的“真理”。

“各位！有果必有因。”

“所有生物绝不可能在自然中凭空出现！”

两周后，瓶子里面依然没有产生微生物。因为空气中的微生物无法通过弯曲的瓶颈进入到烧瓶里。

这次，他直接打掉了烧瓶的瓶颈。如此一来，空气中的微生物就能进入到肉汤中迅速繁殖。果然，没过几天，肉汤就变得一片浑浊。

法国是一个以葡萄酒闻名的国家。不过，葡萄酒很容易变质，所以总是给人们带来巨大的经济损失。

于是，当时法国皇帝拿破仑三世就委托巴斯德解决这一问题。

巴斯德不分昼夜地盯着显微镜，还不时品尝变质的葡萄酒的味道。

经过锲而不舍的研究，巴斯德终于找出让葡萄酒变质的微生物。

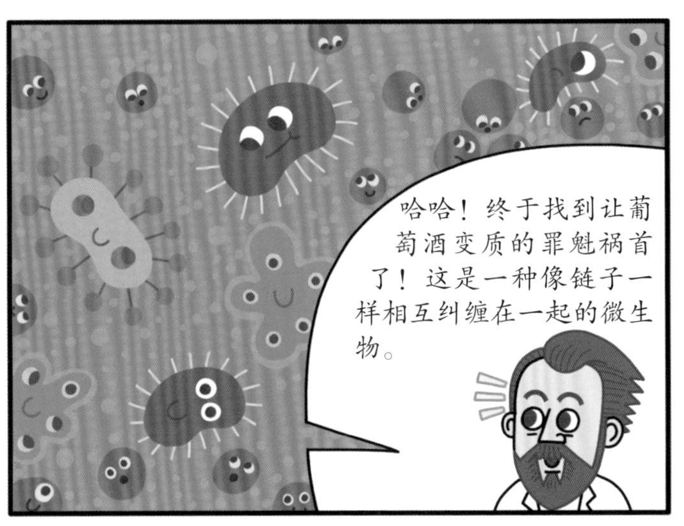

巴斯德继续埋头研究，最终发现如果用63℃的温度加热葡萄酒30分钟，就能够杀死让葡萄酒变质的微生物。同时，葡萄酒依然能保持原有的味道！

这个方法被人们称为“巴氏灭菌法”。现在制造啤酒、牛奶等食品时，人们还会使用这种方法。

巴斯德认为，疾病是由那些用肉眼看不到的微生物引发的。

自从三个可爱的女儿都因疾病离开他之后，他就有了一个口头禅：“我的目标就是战胜疾病！”

1880 年，法国一些农户家里闹起了鸡霍乱。为了找出引发鸡霍乱的病原菌，巴斯德不停地展开研究。他抽出患有鸡霍乱的鸡血滴入浓汤中，用来培养细菌。过了一段时间后，浓汤开始散发出一股变质的异味，而里面的霍乱病菌的毒性也跟着减弱了。

巴斯德把毒性减弱的霍乱病菌注射到一只健康的鸡身上。

神奇的是，那只鸡并没有患上霍乱。尽管它一开始生病了，但没过多久就恢复了健康。

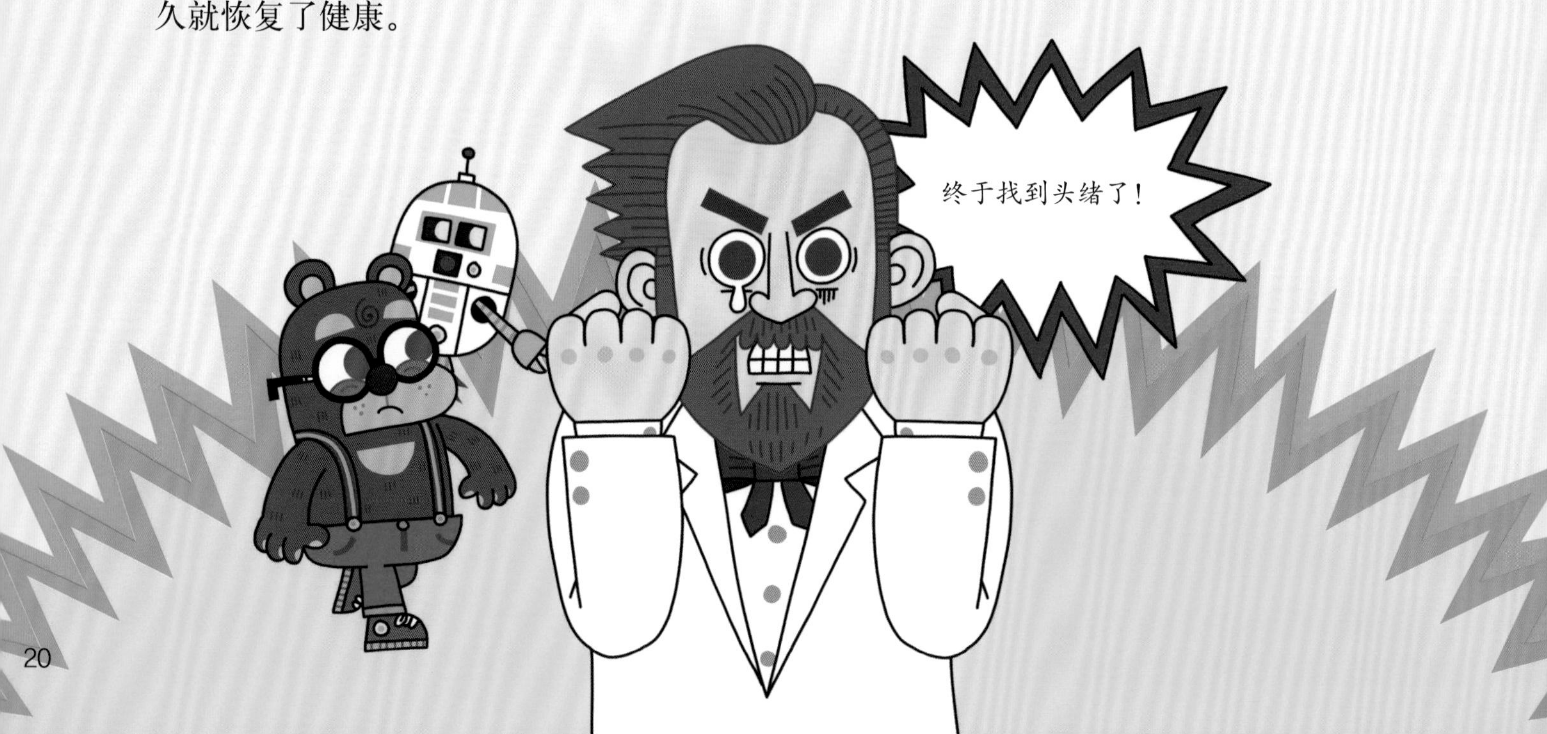

巴斯德准备了两组不同的鸡：一组是健康的鸡，另一组是曾经注射过毒性减弱的霍乱病菌的鸡。巴斯德又将毒性很强的霍乱病菌分别注射到两组鸡身上。不久后，健康的鸡全都得霍乱而死，而另一组鸡都存活下来了。

“一定是毒性减弱的霍乱病菌让鸡产生了免疫力！”

这说明巴斯德成功研发出了鸡霍乱疫苗。不过，他并没有满足于此，而是继续进行研究，还成功研发出了炭疽病疫苗和狂犬病疫苗。

有了巴斯德的成功事例，其他科学家不甘落后地陆续研发出伤寒、霍乱、鼠疫等众多疾病疫苗，使人们得以摆脱来自传染病的威胁。

微生物

微生物是一种肉眼看不见的微小生物。由于它们非常小，所以直到发明出显微镜后，人们才开始展开对微生物的研究。常见的微生物分为细菌、真菌、病毒等。其中有不少微生物对人们的生活很有益。

生活在哪里？

微生物生活在地下、水、空气等几乎所有的地方。此外，包括人在内的动植物体内也生活着密密麻麻的微生物。

无论是在滚烫的热水中，还是在寒冷的南极大陆上，都生活着各种各样的微生物。

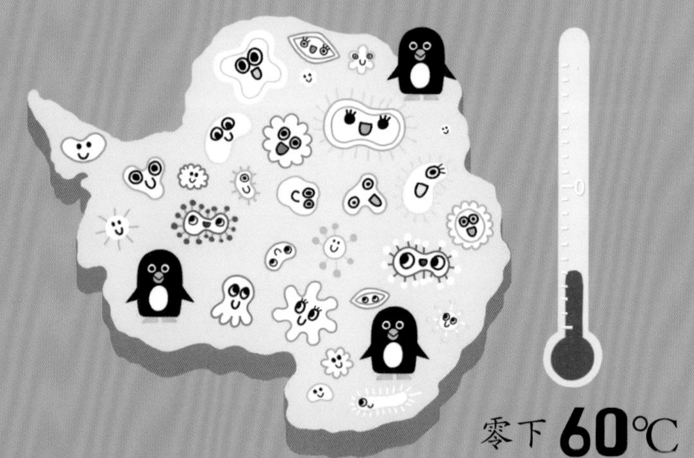

究竟有多少？

微生物约占地球上所有生物重量的60%。

成年人体内的微生物重量大约为1千克。

有什么用途？

人们在制作某些食物时离不开霉菌的帮助。例如，制作奶酪、大酱、辣椒酱等食物时，都会用到霉菌。

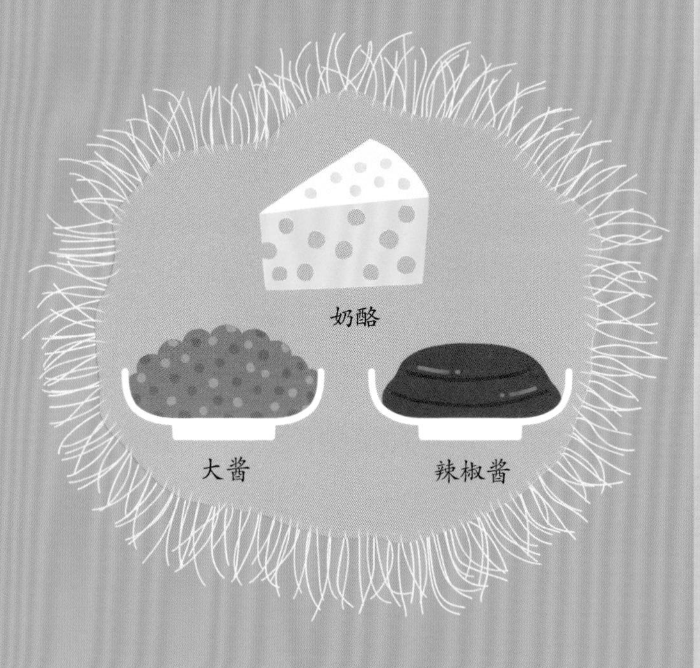

酵母菌能让面包变得蓬松起来。此外，酵母菌还能让大麦和葡萄发酵出酒精，酿造出啤酒和葡萄酒。

拯救环境的有益微生物

地球上有很多对人类有益的微生物。EM 是英语 Effective Micro-organisms 的首字母组成的缩略语，表示对人有益的微生物，是由生活中常见的酵母菌、乳酸菌、光合细菌、放线菌等 80 多种微生物培养出来的。

EM 在生活中用途多多，尤其可以用来保护环境。

人们在家中洗碗或打扫卫生间时都会用到合成洗涤剂。合成洗涤剂在进入人体后很难被排出，而且还容易引发皮肤病、过敏等症状。此外，人们用过的洗涤剂还会对河水和大海造成严重污染。

不过，若是使用 EM，我们就可以减少合成洗涤剂的使用了。把淘米水、糖、食盐和 EM 原液进行混合，经过 7~10 天的发酵，我们就能制造出 EM 发酵液。EM 发酵液与合成洗涤剂进行混合，在刷碗、洗衣服或打扫卫生间的时候使用。这样不仅更容易去除污渍，还能消除异味。而且，还可以用来清除洗碗池里和卫生间里的霉菌。

EM中的乳酸菌

随着疾病的秘密被揭开，人类与微生物的战争也悄然打响。虽然科学家们争先恐后地研制出了疫苗，但是对于已经身患传染病的人却毫无用处。好在我及时发现霉菌制造出来的某种物质可以轻易杀死细菌，所以我也算是挽救了不少人的性命。

1906 年，英国微生物学家亚历山大·弗莱明从伦敦大学圣玛丽医学院毕业。1914 年，第一次世界大战爆发后，他就去法国前线工作。

当时，弗莱明正在进行有关遏制伤口感染的研究。

“伤口感染得太严重了。想要保住性命，就必须进行截肢。”

由于伤口遭到细菌的感染，所以很多伤兵都不得不进行截肢，甚至因此丢掉性命。

在第一次世界大战期间，死去的士兵人数多达 1000 万。

尽管一部分士兵是被子弹和炮弹夺去了生命，但也有不少人是因为受伤后感染细菌而死。

想要防止伤口感染，就需要使用消毒剂。

当时主要使用的是一种叫作苯酚的消毒剂。然而，苯酚的毒性非常强，它不仅能杀死细菌，还会对人体造成很大的危害。

于是，大量的士兵因免疫力下降而死亡。

“有没有什么物质，可以在不伤害人体的情况下杀死细菌呢？”

即使战争结束后，弗莱明的脑中也反复出现这样的想法。

于是，弗莱明便全身心地投入到有关细菌的研究当中。不管去哪里，他的脑中所想的都是和细菌有关的事情。1928 年夏天，幸运女神终于降临到他的身边。

某一天，弗莱明随意地把细菌培养皿丢在实验台上就去度假了。几个星期后，弗莱明回到实验室，发现一个葡萄球菌的培养皿中居然长出了青霉。

顿时，弗莱明兴奋得不能自已。因为他第一个发现了能杀死细菌的天然物质。

由于是在青霉中发现的物质，所以弗莱明给它起名为“青霉素”。

然而，青霉中只能获取非常少量的青霉素。

可惜的是，弗莱明的研究没有继续下去。直到最后，他都没能将杀菌的药剂研制出来。

1939 年，第二次世界大战爆发了。与第一次世界大战时一样，很多士兵在战场上丢掉了性命。

为了把青霉素做成可以治疗患者的药物，英国病理学家霍华德·弗洛里和英国生物学家恩斯特·钱恩经常通宵达旦地进行研究。在他们坚持不懈的努力下，最终成功地将青霉素制作成治疗药剂。他们一共用了 10 只小鼠做实验，最终有 5 只注射过青霉素的小鼠存活了下来。

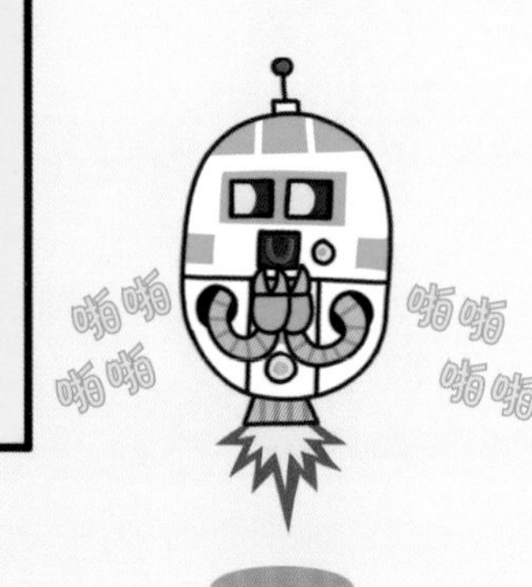

之后，他们又以人为对象做了实验。他们给一位几乎没有生还希望的败血症患者注射了青霉素。败血症是一种血液被细菌感染的可怕疾病。

青霉素表现出了惊人的效果。不到一天的时间，原本化脓的伤口开始愈合，患者的状态也有了非常明显的好转。

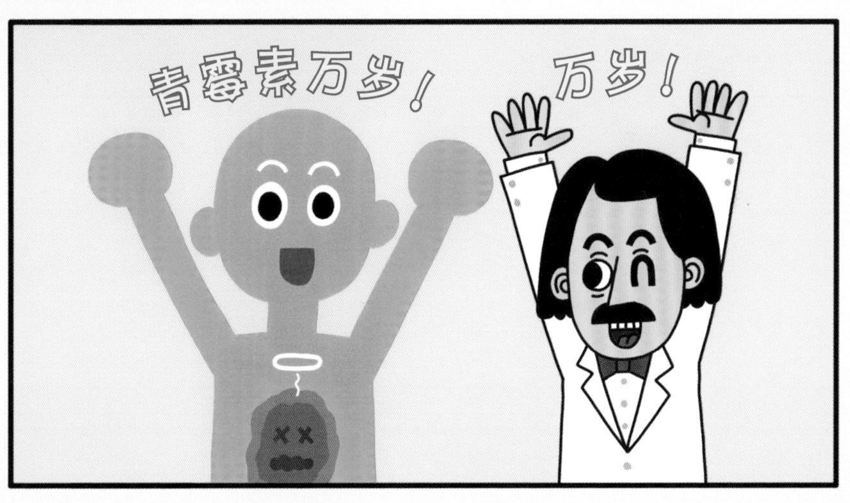

可以杀死细菌的抗生素——青霉素很快被大量投产。这些青霉素最终拯救了包括大量受伤军人在内的数百万人的性命。青霉素不仅可以治疗伤口感染，还对白喉、肺炎等多种细菌性疾病有显著疗效。至此，人类终于迈出了征服细菌的第一步。

细菌

细菌是一种单细胞的微生物。虽然细菌会引发结核、鼠疫、伤寒、龋齿等疾病，但是也有很多对人类有益的细菌。细菌是地球上存在时间最长的生物。据了解，在绝大部分生物很难生存的原始地球时期就已经存在它们的身影。

细菌的分类

“螺旋菌”是一种弯弯曲曲的螺旋状细菌。最典型的螺旋菌有霍乱菌等。

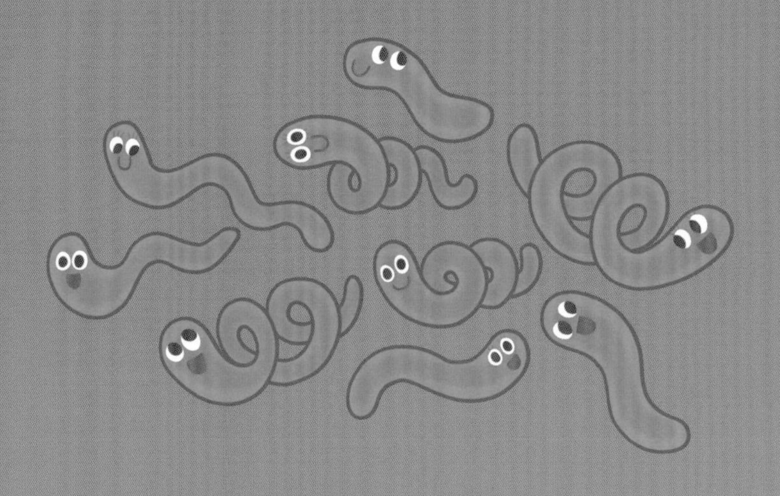

“杆菌”是长条形状的细菌。它们有时候单个分开生活；有时候会像链条一样，连在一起。常见的杆菌有大肠杆菌等。

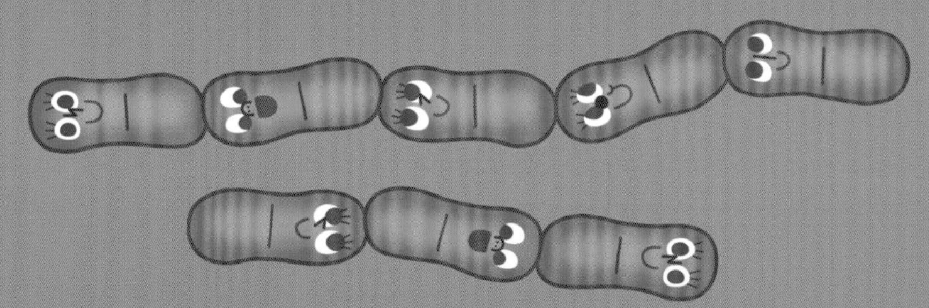

“球菌”是一种球状的细菌。它们有的独自行动；有的成双成对地行动；有的聚集在一起，形成一个“细菌团”。最典型的球菌有葡萄球菌等。

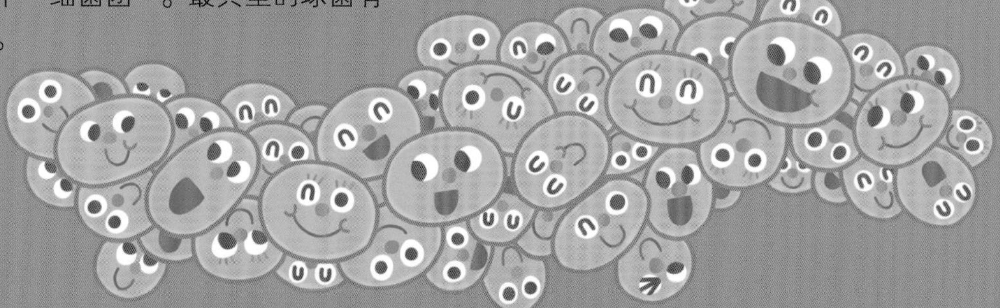

细菌是什么?

一般只有0.2~10微米大小。

对人有害的细菌约占整体细菌数量的10%。

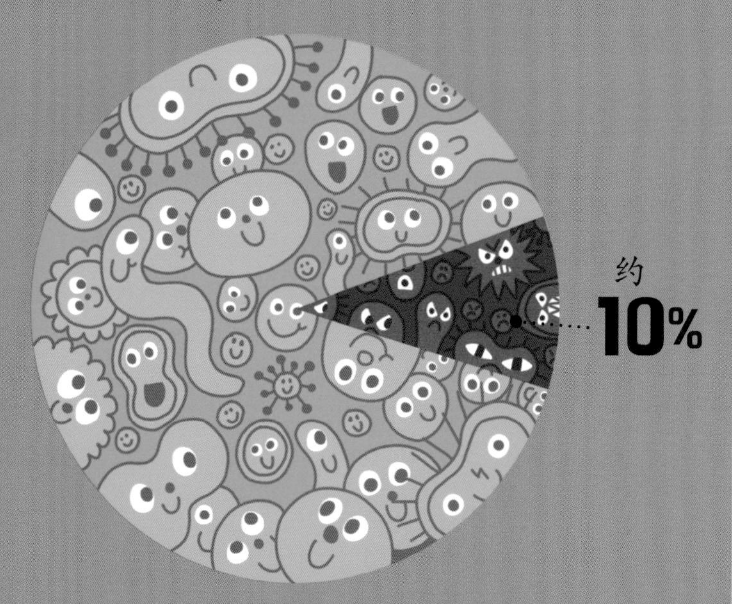

细菌的繁殖速度非常快。大部分细菌都用“一分为二”的分裂方式繁殖，而繁殖速度较快的细菌，甚至每20分钟就能分裂一次。

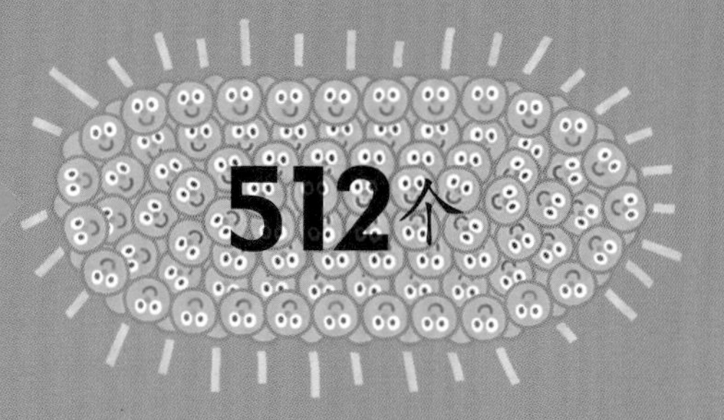

耐药性和超级细菌

使用抗生素的时间越长，细菌对抗生素的耐药性就会越强。最终，会形成一种不惧怕任何抗生素的超级细菌。

全球化和传染病

传染病贯穿人类的整个历史。在古希腊和中世纪的欧洲，曾经有很多人死于鼠疫。在朝鲜时代，同样有很多人受到麻疹和霍乱等疾病的困扰。

以前，传染病只在特定区域流行。如果要传播到很远的地方，需要花费很长的时间。但是现在，世界各国之间商业交流越来越频繁，前往其他大陆旅行的人数也在逐渐增加。如此一来，传染病的扩散速度就远远超过从前了。虽然抗生素的出现使大量引发传染病的细菌被消灭了，但也有很多未知的新型传染病开始蔓延。例如，患者出现呼吸困难后失去性命的非典型性肺炎、中东呼吸综合征，从鸟类身上开始传播开的禽流感，还有疯牛病、艾滋病、埃博拉出血热等更强大的传染病，不时在全球各地出现，而且随着交通工具变得越来越发达，这些疾病的传播速度也在不断加快。

表现出行为异常的患有疯牛病的牛

人类与疾病的斗争

在过去漫长的岁月里，有数不清的人因患上各种疾病而去世。为了对抗这些传播疾病的微生物，科学家们不断研发出各种疫苗和抗生素等药物。然而，新的传染病不断出现，甚至还曾出现用最强力的抗生素也无法杀死的超级细菌。即使现在，人类和微生物的斗争依然在持续。

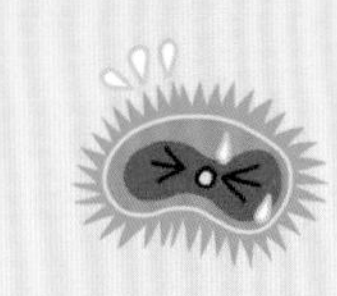

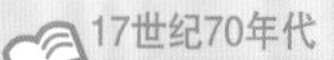

14世纪

欧洲流行鼠疫

随着鼠疫渐渐扩散，这种可怕的传染病夺去了近一半欧洲人的生命。这种疾病主要是由携带鼠疫杆菌的鼠蚤通过叮咬的方式传播。由于受到感染的人在死后皮肤会变成紫黑色，所以又称为“黑死病”。

17世纪70年代

发现微生物

列文虎克在用自制的显微镜观察水滴时，首次发现了微生物。

1796年

发明种痘免疫法

詹纳首次利用牛痘痘浆给健康人接种，发明了预防天花的种痘免疫法。

标记的部分是正文中出现的内容。

1861年

鹅颈烧瓶实验

巴斯德进行一场鹅颈烧瓶实验，证明了微生物并不是凭空出现的。

1928年

发现青霉素

弗莱明偶然发现青霉菌产出的物质可以杀死细菌。他把这种物质命名为“青霉素”。

现在

虽然现在科学家们一直在研发各种可以击溃疾病的疫苗或治疗剂，但世上依然在不停地冒出非典型性肺炎、甲流、埃博拉出血热、禽流感等各种新型传染病。看来微生物和人类的斗争将永远持续下去。

图字：01-2019-6047

图书在版编目（CIP）数据
微生物的故事 /（韩）金顺韩文；（韩）朴宇熙绘；千太阳译．—北京：东方出版社，2020.7
（哇，科学有故事！．第一辑，生命·地球·宇宙）
ISBN 978-7-5207-1481-5

Ⅰ．①微… Ⅱ．①金… ②朴… ③千… Ⅲ．①微生物—青少年读物 Ⅳ．① Q939-49

中国版本图书馆 CIP 数据核字（2020）第 038674 号

哇，科学有故事！生命篇·微生物的故事
（WA，KEXUE YOU GUSHI! SHENGMINGPIAN · WEISHENGWU DE GUSHI）
作　　者：［韩］金顺韩 / 文　［韩］朴宇熙 / 绘
译　　者：千太阳

策划编辑：鲁艳芳　杨朝霞
责任编辑：杨朝霞　金　琪
出　　版：東方出版社
发　　行：人民东方出版传媒有限公司
地　　址：北京市西城区北三环中路6号
邮　　编：100120
印　　刷：北京彩和坊印刷有限公司
版　　次：2020年7月第1版
印　　次：2020年7月北京第1次印刷　2021年9月北京第4次印刷
开　　本：820毫米×950毫米　1/12
印　　张：4
字　　数：20千字
书　　号：ISBN 978-7-5207-1481-5
定　　价：398.00元（全14册）
发行电话：（010）85924663　85924644　85924641

文字 ［韩］金顺韩

毕业于梨花女子大学教育学专业，并取得该专业硕士学位。现在主要负责策划和创作各种儿童科普类图书。在写作这本书的过程中，她发现即使是肉眼看不到的微小微生物，也有可能起到改变人类历史的巨大作用。主要作品有《活着的东西是什么呢》《沙沙沙沙，进入地下看一看》《竟然是如此聪明的植物》《种子想变成什么呢》等。

插图 ［韩］朴宇熙

毕业于庆熙大学视觉设计专业。后来在韩国插图学院（HILLS）学习画画。创作独立的作品主要有《怪物消失了！》，插图作品有《为什么吃呢？营养素的故事》《黑漆漆魔女太不了解安全了》《怪物学校会长选举》《为什么来我家1》等。

哇，科学有故事！（全33册）

扫一扫
看视频，学科学